Eine Erinnerung

an

Johann Gottlieb Fichte.

Besonders abgedruckt aus dem siebenten Bande der Preußischen Jahrbücher.

Berlin.

Druck und Verlag von Georg Reimer.

1861.

Nicht zufällig ist bei Gelegenheit des vorjährigen Jubiläums der Universität Berlin der Name **Fichte** vorzugsweise betont worden. Während **Zeller** in der Sybel'schen Historischen Zeitschrift die staatsrechtlichen und socialen Ansichten Fichte's, sein politisches und nationales Wirken zur Darstellung brachte, so klang bei jener Feier selbst das Lob des „eisenfesten" Mannes aus Böckh's Munde lauter und heller, als das irgend eines andern der Mitbegründer der Universität und ihres Ruhmes. Das macht: es giebt kein reineres, kein redenderes Beispiel von der in den Tiefen des menschlichen Geistes begründeten Wechselbeziehung zwischen Wissenschaft und Leben, als diese Persönlichkeit in der vollendeten Einheit ihres sittlichen und ihres intellectuellen Charakters. Dieses Beispiel der Gegenwart vorzuhalten, dazu liegt gleich sehr in den Verirrungen wie in dem nach einem ähnlichen Ziele gerichteten Streben der Zeitgenossen eine Aufforderung. In diesem Sinne suchte der nachfolgende Vortrag auszuführen, wie **Fichte der Redner** und **Fichte der Philosoph** eine und dieselbe Person gewesen, wie die scheinbar entgegengesetztesten Leistungen, durch welche Fichte der Nachwelt am bekanntesten geworden, seine „Wissenschaftslehre" und seine „Reden an die deutsche Nation" durchaus derselben Wurzel entsprungen seien. In demselben Sinne glauben wir auf Verzeihung rechnen zu dürfen, wenn wir in diesen Blättern dasjenige, was einem Theile des Publicums bereits bekannt wurde, mit geringen Veränderungen für weitere Kreise reproduciren.

Zu einem rechtschaffenen Gemüth ein rechtschaffener Verstand, das war die Mitgift, welche **Johann Gottlieb Fichte**, geboren den 19. Mai 1762 in dem Dorfe Rammenau in der Oberlausitz, aus seinem väterlichen Hause mit in's Leben nahm. Die Theilnahme eines wohlhabenden Edelmanns, der auf die Fähigkeiten des kleinen Bauernknaben aufmerksam geworden war, hatte ihm eine gelehrte Erziehung auf der Schule zu Meißen und Pforta verschafft. Frühzeitig war er dann auf sich selbst angewiesen gewesen. Mit dem bescheidenen Wunsche, ein sächsischer Landprediger zu werden, hatte er sich durch seine Universitätsjahre und darüber hinaus in beständiger Sorge um seine Existenz durchgerungen;

noch hatte keine Gunst des Glücks an ihm etwas verderben können — als ihn eine Hauslehrerstelle in Zürich zum ersten Mal in anregendere Verhältnisse brachte. Hier wird er von jenem derben und kurzangebundenen Republikanismus berührt, der an der cantonalen Verfassung der Schweiz hängt. Hier tritt er mit Männern wie Lavater und Hottinger und durch diese mit der deutsch-schweizerischen Literaturbewegung in Beziehung. Hier macht er die Bekanntschaft des Mädchens, die, seiner in allen Stücken würdig, ihm eine treue Lebensgefährtin bis an's Ende werden sollte. Diese Liebe öffnet sein bestes Selbst und gewährt auch uns einen ersten Blick in sein inneres Leben. Auf dem Grunde eines unerschütterlichen Vertrauens auf die Vorsehung sehen wir ihn einzig bedacht, an seinem sittlichen Menschen, an seiner Charakterbildung zu arbeiten. Er bekennt der Geliebten, daß er zu einem Gelehrten von Metier so wenig Geschick wie möglich habe. „Ich habe," schreibt er, „nur Eine Leidenschaft, nur Ein Bedürfniß, nur Ein volles Gefühl meiner selbst, das: außer mir zu wirken." In solcher Gesinnung nun sucht er, wie er sein erworbenes Wissen praktisch-moralisch verwerthen könne. Der literarisch-politische Boden, auf dem er steht, die Umgebung, in der er sich befindet, bringt ihn auf den Gedanken, eine Rednerschule zu gründen. Und früher also ist Fichte der Redner, als Fichte der Philosoph — allein so doch, daß die Züge des künftigen Philosophen überall schon durch den Plan jener Rednerschule hindurchblicken. Denn nicht etwa die Kunst des Ueberredens will er lehren: in eine sittliche Zucht vielmehr, in die Zucht der Wahrheit will er die Rhetorik nehmen; zu „zusammenhängendem, Schritt für Schritt gehendem Denken" will er anleiten; der gelungene stilistische Ausdruck soll nur die Folge, nur das Abbild davon sein, daß man sich selbst zuvor klar geworden, sich selbst zu bestimmen gewußt hat.

Wie dies Project indeß, so scheiterten unserem Freunde andere. Um Ostern 1790 löste sich sein Verhältniß zu seinem Zürcher Hause. Um mit seinen Kenntnissen zu nützen und zu wirken, möchte er nun am liebsten Führer eines Prinzen oder Lector an einem Hofe werden. Mit gehobenem Selbstbewußtsein, mit gesteigerten Ansprüchen an die Welt, mit Lavater'schen Empfehlungen in der Tasche geht er über Stuttgart nach Leipzig. Aber keine derartige Stellung will sich zeigen. Im richtigen, aber unbestimmten Gefühl seines Berufs, des Berufs, zum sittlichen Erzieher, zum Redner an seine Zeitgenossen zu werden, greift er bald nach diesem, bald nach jenem anderen Plan. Zu einem Journal, worin er der schlechten Literatur und schlechten Lectüre entgegenarbeiten will, findet er leider keinen Verleger. Die Kanzel glaubt er sich bei seiner aufgeklärten Denkweise durch die in Sachsen herrschende

Intoleranz verschlossen — genug, mittellos, in rathloser Verstimmung und Vereinsamung steht er bald einem Alles versagenden Schicksal gegenüber. „Ich habe," so schreibt er am 1. August seiner Braut, „fast Alles verloren als den Muth."

In dieser Situation nun kömmt durch einen Zufall dasjenige an ihn, was seinem inneren Leben abschließenden Halt geben sollte. Ein Zufall war es, daß er die Kant'sche Philosophie kennen lernte — aber kein Zufall freilich, daß ihm in dieser Philosophie eine neue Klarheit über sein eigenes Wesen und über seine Bestimmung aufging.

Denn welches doch war der Geist und die Beschaffenheit dieser Philosophie? Sie lehrte, daß nicht wir uns nach den Dingen, sondern die Dinge sich nach uns richten. Sie lehrte, daß wir nur Endliches und Bedingtes erkennen, indem unser Geist selber der erscheinenden Natur die Formen und Gesetze vorschreibt, unter denen allein sie uns erscheinen und zur Natur werden. Sie knüpfte die Erfüllung unserer Sehnsucht nach dem Unbedingten und Göttlichen an die höchste Anspannung nicht unseres Erkennens, sondern unseres Wollens. Unser Verstand — so stellte sich damals für Fichte selbst der Sinn dieser Philosophie dar, und mit diesen Worten hoffte er denselben seiner Braut verständlich zu machen — unser Verstand ist so eben hinlänglich für die Geschäfte, die wir auf der Erde zu betreiben haben: mit der Geisterwelt kommen wir nur durch unser Gewissen in Verbindung. Wer es fühlt, daß, wenn ein Gott ist, er gnädig auf ihn herabschauen müsse, der bedarf keiner Gründe, daß Gott ist. Und ebenso. Das sicherste Mittel, sich von einem Leben nach dem Tode zu überzeugen, ist das, sein gegenwärtiges so zu führen, daß man es wünschen darf.

Offenbar, diese Lehre sprach nur deutlich aus, was in Fichte's Charakter und Gesinnung bereits enthalten war. Seine bisherigen theoretischen Ueberzeugungen hatten mit diesem Charakter und dieser Gesinnung in einem peinlichen Gegensatz gestanden. Sein scharfer Verstand, sein folgerichtiges Denken nämlich hatte ihn zum Spinozisten gemacht. Er hatte mit aller Anstrengung nach sittlicher Vervollkommnung getrachtet, obgleich sein Raisonnement ihm sagte, daß nicht wir, sondern eine unerbittliche Nothwendigkeit Herr unserer Handlungen sei. Jetzt nun überzeugte ihn die Kant'sche Philosophie, daß der menschliche Wille frei sei. Sie brachte — das Höchste, was dem Menschen werden kann — sein Herz mit seinem Kopf in Uebereinstimmung. Die neue Ueberzeugung bestärkte ihn in seinem bisherigen sittlichen Ringen, dieses Ringen wiederum gab seiner Ueberzeugung den vollen Nachdruck einer selbsterlebten, den ganzen Menschen erfüllenden Wahrheit. Und so verlebt er jetzt, wie er in seinen Briefen bekennt, bei einer schwankenden äußeren Lage seine seligsten Tage. Er fühlt sich eine unbegreifliche Erhebung über alle irdischen Dinge. Sein bisheriges unruhiges Planen um eine glänzendere Lebensstellung stellt er ein, um sich einzig fest in sich selbst zu gründen. Der Kant'schen Philosophie leben, das deckt sich unmittelbar mit seinem wahren Berufe. Denn an dieser Philosophie eben wird ihm doppelt klar, daß „die Moral des Zeitalters bis in ihre Quellen verdorben ist." Es gilt, von den Grundsätzen jener Philosophie aus das Zeitalter zu erschüttern und zu bessern. „Mein Plan ist," so schreibt er, „nichts zu thun als eben diese Grundsätze populär und durch Beredtsamkeit auf das menschliche Herz wirksam zu machen."

Noch einmal also: die Kant'sche Philosophie ist für Fichte zu dem Punkte geworden, an dem der Denker sich mit dem Redner begegnet, zu dem Vehikel, Alles, was sonst in ihm angelegt ist, in eine Form und zu praktischer Wirkung zu bringen; — sie ist ebenso dasjenige, was entscheidend sein äußeres Schicksal bestimmte.

Ein gescheiterter Versuch nämlich, in Warschau, in dem Hause einer französisch gebildeten polnischen Gräfin eine Erzieherstelle anzutreten, — dieser Versuch verschlägt ihn im Sommer 1791 nach Königsberg. Um sich dem verehrten Meister Kant dort zu empfehlen, ein Zeugniß gleichsam seiner Reife, schreibt er hier in wenigen Tagen eine religionsphilosophische Abhandlung über die Möglichkeit und Nothwendigkeit einer göttlichen Offenbarung. Ohne seinen Namen wird das Buch gedruckt. Alle Welt hält das in Kant'schem Geist und beinahe auch im Kant'schen Stil Geschriebene für ein Werk Kant's selber, — und so wird dem namenlosen jungen Manne wider Willen bei seinem ersten Auftreten der Ruhm des Meisters, der Ruhm des damals berühmtesten wissenschaftlichen Namens zu Theil.

Es galt, der Welt, auch nachdem sie über den Irrthum aufgeklärt war, die Wahrheit ihres Irrthums zu bestätigen, es galt, den Ruhm zu verdienen, der zunächst, zur größeren Hälfte, als ein Geschenk des Zufalls erschien. Das höchste Selbstgefühl zugleich mit dem höchsten Gefühl der Verpflichtung ist in unserm Freunde aufgeregt. Meisterwerke, so sagt er, dämmern vor dem Auge seines Geistes. Mit dem Bekenntniß, daß er große, glühende Projecte habe, daß es sein Stolz sei, „seinen Platz in der Menschheit durch Thaten zu bezahlen" — mit solchen Bekenntnissen eilt er, im Sommer 1793, nach Zürich in die Arme seiner Verlobten zurück, mit der endlich jetzt eine dauernde Verbindung möglich geworden.

Ein Jahr nach dem Ausbruche der französischen Revolution hatte Fichte die Schweiz verlassen: zur Zeit des Höhepunktes der erschütternden Begebenheit kehrte er in deren Nachbarschaft zurück. Was Wunder, wenn sich jetzt in seinem Geiste **das Pathos dieser Begebenheit mit den Principien der Kant'schen Philosophie combinirte?** Gleich sehr den Redner wie den Philosophen Fichte mußte die Rhetorik und mußte der Idealismus jenes geschichtlichen Hergangs ergreifen. Ein „reiches Gemälde" erschien ihm derselbe über den großen Text, über den in Kant's Lehre tiefer begründeten Text: Menschenrecht und Menschenwerth. Hier, wenn irgend wo, war die dringende Aufforderung und die Gelegenheit gegeben, die Grundsätze des Königsberger Denkers in praktischer Absicht zu popularisiren, das populäre Geschwätz andererseits über Freiheit und Gleichheit, über die Geltung des Staatsvertrags u. s. w. durch gründliche Demonstration zu verdrängen. Es gelang nicht eben zum Besten. Theils trug es die Rhetorik doch über die Demonstration davon, theils hatte die in deutsche Philosophie übersetzte französische Revolution die ganze Gewaltsamkeit des Originals behalten. Eine Rede unter dem Titel „Zurückforderung der Denkfreiheit von den Fürsten Europas, die sie bisher unterdrückten," stark gefärbt von dem Tone französischer Conventsreden, war die erste Probe dieser neuen Fichte'schen Schriftstellerei, und in philosophisch-rednerischer Polemik schossen ebenso die „Beiträge zur Berichtigung der Urtheile über die französische Revolution" weit über das Ziel hinaus. Aber wie es sich auch mit den radicalen Sätzen dieser Flugschriften verhalten mag: sie waren nur Probe- und Uebungsarbeit, die ihren Urheber nur tiefer in die Arbeit an den letzten Grundlagen seiner Ansichten zurücktrieb. Im Rücken dieser Publicistik, im Hintergrunde dieser extremen politischen Forderungen gestaltete sich mittlerweile **die ganze Kant'sche Theorie** in Fichte's Geiste zu einer revolutionären, einer radicalen Form um.

Vorträge, die er in Zürich vor Lavater und anderen dortigen Gelehrten über die Königsberger Lehre hält, geben ihm den äußeren Anlaß, sich dieselbe nach dem Maaße seiner Individualität zurechtzulegen. Sie muß unter seinen Händen die Einheit und Consequenz gewinnen, die ihn ehedem an das System Spinoza's gefesselt hatte. Sie muß dem rücksichtslosen Ernst, der Härte, der Unbedingtheit seines Charakters sich anpassen. Sie muß den Terrorismus der hohlen Vernunft und Freiheit, die in der französischen Revolution sich geltend machten, in den Terrorismus derjenigen Vernunft und Freiheit umsetzen, die ihr Maaß und ihren Schwerpunkt im Gewissen haben. Nicht willkürlich hat Fr. Schlegel die Fichte'sche „Wissenschaftslehre" und die französische Revolution als zwei der größten Tendenzen des Jahrhunderts nebeneinander genannt. Wie diese den Staat unter die Botmäßigkeit der raison, so suchte jene **die ganze Welt unter das alleinige Schema des Gewissens und der Moralität zu bringen.**

Wir haben in der That mit diesen Worten den innersten Geist der Fichte'schen Lehre charakterisirt, und es erhellt schon daraus unmittelbar, daß diese Philosophie fortwährend in rednerischer Wirkung über sich selbst hinausgreifen, daß sie in's Leben hinüberwirken mußte. Aus der Gesinnung erwachsen und praktisch in ihrem innersten Mark, konnte sie schlechterdings nicht anders als Gesinnung erzeugen und praktische Einflüsse erstreben. Sie war nicht das Product grübelnder Phantasie, war nicht hervorgegangen aus dem Bedürfniß, die Welt sich als ein schönes Ganze in der Vernunft spiegeln zu sehen: sondern sie war der Ausdruck eines Geistes, der die Welt nur brauchte, um seinem Drange nach sittlicher Freiheit und Vollendung Raum zu geben.

„Wer," so sagt Fichte an einer der schönsten Stellen seiner philosophischen Schriften, „wer seiner Selbständigkeit und Unabhängigkeit von Allem, was außer ihm ist, sich bewußt wird, — und man wird dies nur dadurch, daß man sich, unabhängig von Allem, durch sich selbst zu etwas macht, — der bedarf der Dinge nicht zur Stütze seines Selbst, und kann sie nicht brauchen, weil sie jene Selbständigkeit aufheben und in leeren Schein verwandeln." — Es ist klar, der Mann, der so dachte, hatte keine andere Wahl, als die, umgekehrt die Dinge in einen bloßen Schein zu verwandeln. Die Dinge, hatte Kant gelehrt, richten sich nach der Beschaffenheit unseres Erkenntnißvermögens. Vielmehr, so lehrte Fichte, die Dinge sind gar nichts als das Product unseres nach bestimmten Gesetzen arbeitenden Ich; sie sind Bilder, die unser Geist selbstthätig entwirft; dieser Geist ist nicht ein Spiegel, der eine vorhandene Außenwelt in bestimmter Weise auffängt, sondern ein lebendiges Auge, nicht doch! — eine lebendige Kraft, welche gezwungen ist, eine Außenwelt vor sich hin-, aus sich herauszuschauen. — Aber warum doch gezwungen ist? Gezwungen, antwortet Fichte, damit die eigenste Natur und Bestimmung des Ich zur Geltung komme. Diese unsere Natur nämlich ist in ihrem letzten Grunde das sittlich Gute, diese unsere Bestimmung ist, die sittliche Pflicht zu erfüllen. Das Gefühl unserer Selbständigkeit und Freiheit fällt unmittelbar mit der Gewißheit unserer moralischen Bestimmung zusammen. Realisiren können wir diese Bestimmung nur im praktischen Handeln. Praktisch handeln können wir nur, indem wir jene Bilderwelt als eine wirkliche Welt nehmen. Ihr eigentlicher Werth und Sinn daher besteht lediglich darin, daß sie die durch unser Gewissen uns angewiesene Sphäre unseres pflichtmäßigen Wirkens ist. Sie spiegelt uns unsere Bestimmung; sie ist das „versinnlichte Material unserer Pflicht." Ihre Sinnlichkeit ist blos die Form, in der unser übersinnliches Wesen, unsere Beziehung auf das lebendige, in alle Ewigkeit werdende Reich des Guten sich uns darstellt. — —

Noch stand dieses kühne System nur erst in den Grundzügen vor Fichte's Geiste, als er durch die Berufung nach Jena auf Reinhold's Katheder genöthigt wurde, es in der Praxis des Lehrens zu vollenden. Auf dem Katheder aber vollendete sich nun nicht blos das System zu strenger wissenschaftlicher Gestalt, sondern in und mit dem System vollendete sich auch die Einheit des Theoretikers und Praktikers, des Philosophen und Redners. Der Schwerpunkt zwar dieser Einheit fällt während dieser Jena'schen Periode in die Theorie. Ungetrübt aber, ungefärbt durch irgend ein Object zeigt diese Theorie in absoluter Durchsichtigkeit das philosophirende Subject. Es ist, allen anderen Stoffes baar, die reine Selbstdarstellung dieses großen Menschen. Indem Himmel und Erde vor unseren Blicken versinken, so sehen wir einzig den kraftvollen Geist dieses Mannes arbeiten und solche Arbeit für die Welt erklären. Denkendes Handeln, handelndes Denken ist auch sein Dociren: es ist eben Rede, eine Rede, die den Hörer unaufhörlich spornt und ihn zu selbstthätigem Mitdenken fortreißt. In dieser Weise war der akademische Vortrag der ganzen Wissenschaftslehre ein praktisches Collegium. Aber praktische Collegia gingen überdies neben den strenger wissenschaftlichen her. Recht eigentlich als Redner trat Fichte in besonderen populären Vorlesungen über die „Bestimmung des Gelehrten" vor die studirende Jugend, um ihnen die Moral seiner Lehre, die an sich schon nichts Andres als eine in den strengsten Formeln krystallisirte Moral war, ausdrücklich in's Gewissen und in's Gemüth zu reden.

Schon auf theoretischem Boden nun freilich mußte die Einseitigkeit der Fichte'schen Grundansicht zu mancherlei Paradoxien führen. Es gehörte ein mäßiger Witz dazu, um ein so keckes Experiment zu verspotten, wie das, womit Fichte z. B. Luft und Licht aus der Selbstthätigkeit des Ich a priori zu deduciren versuchte. Sehr ernstlich mußte sich der Mangel des Systems, — die Isolirung des Guten und Wahren vom Sinnlichen und folglich vom Schönen, — in der Sitten-, in der Rechts- und Staatslehre fühlbar machen. Das biegsame und bedürfnißreiche Leben in die kahlen Linien des nur mit der Pflicht rechnenden Verstandes zu zwingen, konnte unmöglich gelingen. In dem Staate z. B., den Fichte um diese Zeit construirte, verkehrte sich das zu Grunde gelegte Princip der Freiheit zu einer Kette von zwingendem und gezwungenem Zwang, und in dasselbe eiserne Band versuchte er etwas später in seinem „Geschlossenen Handelsstaat" auch das wirthschaftliche Leben des Staates zu schmieden. In der spröden Persönlichkeit des Mannes hatten solche Gewaltsamkeiten ihren letzten Grund, und wunderbar daher hätte es zugehen müssen, wenn er nicht auch im Leben mannichfach hätte anstoßen sollen. Auch handelnd, handelte er immer aus der wohlerwogenen Entscheidung seines Gewissens und nach klarer Abrechnung mit seiner besten Ueberzeugung; aber, indem bei dieser Entscheidung und dieser Abrechnung die individuelle Natur der Dinge und Menschen durch keine ästhetische Anschauung mit gegriffen wurde, so begegnete es ihm häufig, daß er sich trotz der reinsten Absicht zunächst in's Unrecht setzte, um dann erst später in der Lauterkeit und Selbstlosigkeit seines Wesens eine Correctur des Unrechts, eine milde und versöhnliche Stimmung wiederzufinden. So stieß er auf Anlaß eines für die Horen bestimmten Aufsatzes hart mit dem ästhetischen Sinne Schiller's zusammen. So brachten ihn seine Sonntagsvorlesungen mit der Sitte und mit dem Consistorium, sein reformatorischer Eifer gegen das studentische Verbindungswesen mit der Universitätsbehörde und einem Theil des akademischen Publicums in Conflict. Mit Recht klagten diejenigen, welche dergleichen Dinge am richtigsten beurtheilten, über die „Schiefheiten" des Philosophen. So, in der That, mußten sie vor einem Forum erscheinen, welches nach dem Satze entschied: „Erlaubt ist, was sich ziemt" — und von dem Standpunkte der Aesthetik war selbst die gute Laune in ihrem Recht, mit welchem unsre beiden Dichter von dem „Großen Osmannstädter Ich" so etwa redeten, wie ihrer Zeit die Athener von dem Philosophen Anaxagoras als dem *Νοῦς* geredet hatten.

Ohne Schiefheiten, man muß es gestehen, ging es auch bei dem ernstesten Conflicte nicht ab, den Fichte in Jena zu bestehen hatte, und der den Anlaß zu seiner Uebersiedelung nach Berlin gab. Mit charakteristischer Resignation hatte Spinoza ehedem die Uebernahme eines akademischen Lehramts abgelehnt, da unbedingte Freiheit ihm als das Lebenselement der Wahrheit erschien, in deren Entdeckung er seinen einzigen Beruf erblickte. Fichte, dem Redner-Philosophen konnte die Entdeckung der Wahrheit nur im Zusammenhang mit ihrer Verkündigung einen Werth haben. Er verkündigte sie mit Leidenschaft. Nun hatte man es ertragen, daß er die Welt nach ihrem sinnlichen Werth von der Höhe seines Princips hinwegdemonstrirt hatte: aber man ertrug es nicht, als er jetzt in einem eignen Aufsatz auch den sinnlichen Gott dieser sinnlichen Welt hinwegleugnete. Aus dem Stoff der sittlichen Freiheit und aus der Pflicht der sittlichen Zwecksetzung hatte er die Welt: aus demselben Stoff reconstruirte er die Gottheit. Das Höchste, was Fichte denken, das Höchste und Letzte, woran er glauben konnte, war der Sieg des Guten, war die übersinnliche Ordnung, nach welcher jede reine Aeußerung des sittlichen Wollens ihren Platz und ihre Wirkung in dem Reiche des Guten hat. Den Glauben an diese „moralische Weltordnung" proclamirte er nun als den Glauben an das

Göttliche und leugnete dagegen, daß die Gottheit ein besonderes Wesen, Substanz oder Person sei.

War es ein Wunder, wenn der alte Ruf laut wurde, den der Pöbel von je her gegen die Philosophie erhoben hatte, der Ruf auf Atheismus? Die kursächsische Regierung gab diesem Rufe Nachdruck; sie decretirte die Confiscation des Journalhefts, in welchem der Fichte'sche Aufsatz gestanden hatte, und forderte den Weimarischen Hof zur Bestrafung der Verkünder und Verbreiter einer so staatsgefährlichen Irrlehre auf. Karl August von Weimar hatte den Philosophen einst, trotz seines democratischen Geruches, aus der Schweiz auf das Katheder berufen. Karl August und sein Minister Göthe wußten auch die Anklage auf Atheismus nach ihrem wahren Werthe zu schätzen. Die Absicht war, den unvergleichlichen Lehrer der Universität zu erhalten, wenn nur dieser selbst es der Regierung nicht unmöglich mache; „aber ich fürchte" — äußerte Göthe — „daß das Fichte'sche Ich sich das Nicht-Ich oft ganz anders einbildet, als es ist." Und so geschah es. Nicht der angebliche Atheismus, sondern die Schroffheit und mehr noch das praktische Ungeschick Fichte's machten seine Stellung unhaltbar. Auch der Weimarischen Regierung ging im entscheidenden Augenblick die Weisheit der Geduld aus: — unter dem 29. März 1799 erhielt Fichte seine Entlassung.

War aber diese Entlassung mit nichten eine directe Folge seines „Atheismus," so war doch für Fichte selbst jene Anklage der Kern des ganzen Handels gewesen. Sein Verhalten, wie unzweckmäßig es an sich war, hätte vor einem noch höheren Standpunkt der Beurtheilung erst recht den unvergleichlichen Werth des Mannes zum Bewußtsein bringen sollen. Der letzte Grund nämlich seiner Mißgriffe war hier wie immer der, daß er, der weder Spaß noch Compromiß verstand, die Sache nach ihrem ganzen Ernste, daß er sie mit der höchsten moralischen und philosophischen Gründlichkeit nahm. In einer „Appellation an das Publicum" — einer Schrift, wie es auf dem Titel heißt, die man erst zu lesen bittet, ehe man sie confiscirt — hatte er gleich anfangs nicht etwa die Frage der Confiscation und der geforderten Bestrafung, sondern die Frage des Atheismus selbst zur öffentlichen Discussion gebracht. Als Redner wiederum war der Philosoph vor das Publicum getreten; an dem Ernst der Sache hatte sich das rednerische Pathos entzündet, und mit diesem Pathos hatte er, kräftiger als je zuvor, das lebendige Motiv seiner Lehre, ihre praktische Tendenz auf Erhebung und Besserung des lebenden Geschlechts enthüllt.

Denn woher, so frägt er, jene Anklage auf Atheismus? Der Mittelpunkt des Streits zwischen mir und meinen Anklägern, so antwortet er, liegt darin, daß wir in zwei verschiedenen Welten stehn und von zwei verschiedenen Welten reden — sie von der Sinnenwelt, ich von der übersinnlichen, daß sie Alles auf Genuß beziehen, ich Alles auf reine Pflicht. Ihr Gott ist eben deshalb der Geber alles Genusses, wie fein sie denselben auch geläutert haben mögen — mir dagegen ist er lediglich „Regent der übersinnlichen Welt." Erhebe dich zum Wollen der Pflicht, schlechthin weil sie Pflicht ist, versetze dich durch diese Gesinnung in eine übersinnliche Welt: so ist diese Erhebung selbst die Demonstration, die unmittelbare Gewißheit des Göttlichen! Eudämonismus, Selbstsucht und Genußsucht ist die Wurzel ihres Gottesglaubens: Moralismus ist die Wurzel des meinigen. —

Fichte hatte mit diesen Worten das Programm seiner ferneren Wirksamkeit ausgesprochen. Es war, kurz gesagt, der Kampf gegen die egoistische und materialistische Denkweise seiner Zeitgenossen; es war die Bekehrung zu dem Gott, der geglaubt wird, weil und sofern wir durch sittliche Selbstthätigkeit in ihm leben, weben und sind, das Wiederanziehn der erschlafften moralischen Sehnen der Religion. Der Atheismusstreit wurde die Angel, an der sich Fichte's Lehre ganz und gar in eine „Anweisung zum seligen Leben" herumwandte. Wenn er auch sonst wohl „im Erguß der hingerissensten Empfindung" am Schluß seiner früheren Universitätsvorlesungen seine Zuhörer zu der Gottesidee hingeführt hatte: jetzt wurde diese hingerissenste Empfindung zur Grundstimmung seines Philosophirens, sein Moralismus wurde mehr und mehr zu einer Angelegenheit seines Herzens, und die Gottesidee eben deshalb Ausgang, Mittel und Ende seines Systems. Das Pathos seiner Lehre verwandelte sich jetzt selbst in ein Stück dieser Lehre und verlieh sogar dem logischen Gerüst derselben eine lebendig ergreifende Zunge. In dem Medium der Religion aber wurde der Philosoph zum Propheten. Aus dem Lehrer wurde er nun vollends zum Redner, aus einem Redner an die Jünger der Wissenschaft zu einem Redner an die gesammte deutsche Nation. — Wer die Entwicklung der Philosophie darzustellen hat, der muß berichten und mag nachweisen, daß die neue Phase, in welche jetzt die Fichte'sche Lehre eintrat, nur einen ungenügenden Versuch der Fortbildung darstellt. Wer es dagegen, wie wir, mit der Entwicklung des Menschen zu thun hat, der wird in der Veränderung und in der Verschlechterung der wissenschaftlichen Formel nur das vollere Auswachsen und die rechte Vollendung dieser Persönlichkeit erblicken. Die Wissenschaftslehre in ihrer ursprünglichen consequenten Geschlossenheit war für den Menschen Fichte nur ein Durchgangspunkt. Erst dadurch, daß diese Lehre eine Beziehung auf das Gemüthsleben in sich aufnahm, erst dadurch, daß der Philosoph dem Redner eine neue Concession machte, wurde Fichte ganz er selbst. „Was man in der Jugend wünscht, das hat man im Alter genug." Mit dem Eintritt in das reife Mannesalter langte Fichte bei dem Ziele an, das er sich, wie wir uns erinnern, schon als Jüngling gesteckt hatte: durch Beredtsamkeit den Charakter des Zeitalters emporzuheben. —

Als Göthe aus dem Munde des Schädellehrers Gall vernahm, daß er eigentlich zum Volksredner geboren sei, da erschrak er; „denn," sagte er, „hätte diese Eröffnung wirklich Grund, so wäre, da sich bei meiner Nation nichts zu reden fand, alles Uebrige, was ich vornehmen konnte, leider ein verfehlter Beruf gewesen." Die Meinung Fichte's war nicht so, und daß er für seinen volksrednerischen Beruf den rechten Ort und den rechten Stoff fand, dafür war durch sein Schicksal und durch die welthistorischen Ereignisse des neuen Jahrhunderts gesorgt.

Der in Jena Entlassene fand eine Zufluchtsstätte in dem Staate Friedrich's des Großen. Es war ein echt preußisches Wort, wodurch Friedrich Wilhelm III. dem Philosophen die Niederlassung in Berlin ermöglichte: „Ist es wahr, daß Fichte mit dem lieben Gott in Feindseligkeiten begriffen ist, so mag dies der liebe Gott mit ihm abmachen; mir thut das nichts." Aber die Wahrheit ist: gerade in diesen Staat und an diesen Punkt gehörte eine Gesinnung wie die Fichtische recht eigentlich hin. Sie war ein etwas fremdartiges Element in dem kleinen Ländchen, in welchem man „den Genius bewirthete," in welchem an der Seite eines kunstsinnigen Fürsten ein großer Dichter stand und wo ein andrer großer Dichter die Herrschaft des Geschmacks und das Reich des schönen Scheins durch Lehre und Dichtung auszubreiten beflissen war. Sie war dagegen Eines Geschlechts mit dem Geiste des Staates, der, ein Emporkömmling unter den Staaten, auf die ernste und arbeitsvolle Art des norddeutschen Stammes gegründet, unter der sittlichen Zucht des Protestantismus erstarkt und durch die Heldenarbeit blutiger Kämpfe nicht zur Herrschaft, sondern zur Pflicht und Aufgabe der Herrschaft emporgehoben war.

Und in diesen Staat, in die Hauptstadt dieses Staats trat Fichte ein zu einer Zeit, wo der Nerv jener sittlichen Kraft in den Gemüthern seiner Bürger zu einem guten Theil erschlafft war. Von dem Genie des großen Königs war das todte Phlegma einer schaalen Aufklärung übrig geblieben — jener Aufklärung, deren selbstzufriedne Seichtigkeit Fichte so eben in dem grobgezeichneten Bilde eines ihrer Hauptrepräsentanten, in seinem Anti-Nicolai an den Pranger gestellt hatte. Hier gerade hatte man jene eudämonistische Gesinnung, welcher Fichte nur eben den Krieg auf Leben und Tod angekündigt hatte, an Stelle aller anderen Gesinnung und Religion gesetzt, und, bewußt oder unbewußt, war die allgemeine Losung, daß man „dem Genusse der erworbenen Güter leben wolle."

In Fichte trat jetzt der gute Geist und das echte Wesen des preußischen Staats dem Verfall und der Entartung desselben in der schroffsten Weise gegenüber.

Im Anschluß an die damalige Sitte begann er damit, durch Vorlesungen vor einem gemischten Publicum — noch existirte die Berliner Universität nicht — sich eine Gemeinde zu bilden. Er nahm dieses verwöhnte und bequeme Publicum allererst in die Zucht des strengsten Denkens. Er lehrte es an Wahrheit glauben und die Macht einer unerschütterlichen Ueberzeugung respectiren. Je mehr er in der Nichtbeachtung und Mißdeutung seiner Philosophie von Seiten des großen Publicums einen Gesinnungsgegensatz erblickte, je mehr er jenes literarische Publicum verachten lernte, das selbst durch einen „sonnenklaren Bericht“ nicht „zum Verstehen zu zwingen“ war: desto mehr wurde er inne, daß zu dieser Philosophie er selbst und sein lebendiger Mund gehöre. Und weiter. Eine Zuhörerschaft sah er jetzt vor sich, die neben den Männern der Wissenschaft die Spitzen der vornehmen Gesellschaft und die höchstgestellten Staatsmänner vereinigte, in der sich Schlegel zur Seite von Kotzebue, Beyme neben Metternich fand. Da durchbrach er von Jahr zu Jahr mehr die Schranken der Schulphilosophie, da drängte er mit immer virtuoserer Popularität, mit immer eindringlicherer Kraft die, welche ihn hörten, zu sittlicher Selbstbesinnung und zur Ermannung hin. Strafend und mahnend hält er in den Vorlesungen über die „Grundzüge des gegenwärtigen Zeitalters“ der Gegenwart ein Bild ihrer Verkommenheit vor. Es ist das Zeitalter der Auf- und Ausklärung, sein Wissen wie sein Thun ganz und gar auf Sinnlichkeit und Selbstliebe, auf die Triebfedern des individuellen persönlichen Wohlergehens gestellt. Und er setzt diesem Charakter den des „Lebens in der Vernunft“ entgegen. In allen Stücken ist dasselbe das Widerspiel jenes Lebens. Denn darin besteht das „vernünftige Leben,“ daß die Person in der Gattung sich vergesse, daß sie ihr Leben an das Leben des Ganzen setze und es ihm aufopfere. Das Eine in allen Aeußerungen und Erscheinungen der Gegenwart sich abspiegelnde Laster ist die Selbstsucht: die Eine Tugend die Tugend der Hingebung und Selbstvergessenheit. Und ganz dieselbe Ansicht entwickeln sofort die späteren Vorlesungen über das „selige Leben.“ Nichts Andres als jene Erhebung über die Sinnenwelt, aus der man die Anklage auf Atheismus formulirt hatte, eben das wird jetzt von dem Redner als Religion und zwar, im Anschlusse an das Johannisevangelium, als die Religion Christi verkündet. Nichts Andres ist der Kern auch dieser Vorlesungen als die große Antithese des Lebens in der Idee gegen das Leben im Einzelnen und Endlichen, die Antithese von Seligkeit gegen Glückseligkeit. So fällt das schöne Wort, daß das ewige Leben uns schon hier umgebe: — „durch das bloße Sichbegrabenlassen aber kommt man nicht in die Seligkeit." —

Noch mächtigere Schwingen jedoch sollten der Fichtischen Rede wachsen; noch stärkere Wurzeln sollte seine Gesinnung in dem Boden der Zeit schlagen. Die Noth des zertretenen Vaterlandes öffnete ihm das Verständniß für die Bande, mit denen die Natur uns an die Gemeinschaft mit unseren Volksgenossen bindet. Und wie nun im Jahre 1806 in Preußen der Entschluß gefaßt wurde, dem Eroberer sich entgegenzuwerfen, da sah er an Einem Punkte wenigstens den Geist der Selbstsucht zurückgedrängt. An den Fahnen der Heere wenigstens, die jetzt zum Kampfe auszogen, schien ihm der Geist der von ihm geforderten Hingebung zu haften. Sich zu opfern, das sei der Charakter des Kriegers und dazu werde der Soldat erzogen. Aus den gewohnten Umgebungen einer schlaffen und genußsüchtigen Gesellschaft daher sehnt er sich hinaus in das Heerlager wie in eine Freistatt. Als Redner erbietet er sich dem Heere zu folgen. Er fühlt, daß, wenn er Waffen zu führen gelernt hätte, er an Muth Keinem nachstehn würde. Aber zu reden wenigstens hat er gelernt, und er weiß, daß er Blitz und Schwert reden wird. —

Ach! er hatte so sicher gehofft, daß die ausziehenden Heere den Sieg zurückbringen würden! Mit schmerzlicher Fassung nahm er die entgegengesetzte Kunde auf. Es duldete ihn nicht in den Mauern, in die jetzt, nach der Schlacht von Jena, der übermüthigste Feind eingezogen war. Nach Königsberg, Memel und Kopenhagen weicht er aus. An dem Schauspiel des Leichtsinns und der Sorglosigkeit der Menschen mitten im Schiffbruch holt er sich den Entschluß, seinen Beruf mit neuem Ernst zu ergreifen. In Königsberg studirt er die Schriften Pestalozzi's —: da hat er ein Mittel, die Menschen zum Verstehen der Wissenschaftslehre zu führen, da hat er — denn Beides ist ihm Eins — den Hebel gefunden, die gebrochene Nation wiederaufzurichten. — Der Friede von Tilsit ist geschlossen. Im August 1807 kehrt Fichte nach Berlin zurück. Muth, wie er sagt, hat er im Vorrath; von Feinden umgeben, von Spionen belauscht, so hat er im Winter 1807 bis 1808 die „Reden an die deutsche Nation" gehalten.

Es ist das alte Thema, das Grundthema seiner philosophischen Lehre, das er in diesen Reden vorträgt, aber vorträgt jetzt in unmittelbarer Beziehung auf das sittliche Leben der Nation und auf die Zeitereignisse. Was als natürliches, unabweisliches Gefühl sich unter dem Drucke der Fremdherrschaft jetzt lebendiger wieder in den Gemüthern regte: das holt sich der gewaltige Mann aus den Höhen seiner Speculation herab. Er construirt den Patriotismus aus dem, was er als Religion bezeichnet hat. Der Glaube des edlen Menschen an das, was schon hienieden ewig sein kann, sein Streben, Unvergängliches zu pflanzen, das ist nach Fichte das Band, welches seine Nation und durch die Nation die Menschheit innigst mit seinem Herzen verknüpft. Volk und Vaterland werden ihm zum Träger und Unterpfand der moralischen Weltordnung. Die Existenz der Nation zu retten, muß daher der Edle sogar sterben wollen. Der Deutsche aber vor Allem ist zu dieser wahren und allmächtigen Vaterlandsliebe verbunden, denn die deutsche Nation wie keine andre trägt in ihrem innersten Wesen die Bürgschaft der Ewigkeit. Die Ursprünglichkeit ihrer Sprache ist nach Fichte so Grund wie Zeugniß ihrer höheren Lebensfähigkeit. Nur der Deutsche redet eine „bis zu ihrem ersten Ausströmen aus der Naturkraft lebendige Sprache," und auf dieser Sprache hat sich sein geschichtlicher Charakter, der Charakter als eines ursprünglichen, an Freiheit und Entwickelung glaubenden Volkes auferbaut.

Jene wahre und allmächtige Vaterlandsliebe daher wollen die Fichtischen Reden den Deutschen antragen. Denn jenes früher geschilderte Zeitalter der Selbstsucht „hat aufgehört zu existiren." Die Selbstsucht hat durch ihre vollständige Entwickelung sich selbst vernichtet; in diesem Augenblick hat die deutsche Nation ihr Selbst und ihre Selbständigkeit verloren: eine fremde äußerliche Gewalt hat ihr Zwecke aufgedrungen, die nicht ihre eignen sind. Gerade jetzt daher, wenn jemals, muß sie durch die Kraft des eignen freien Entschlusses den Grund zu einem neuen Selbst und einer neuen Zeit legen. Es giebt aber dazu, nach Fichte, nur Ein Mittel. Erziehung heißt dieses Mittel. Und Form wie Zweck dieser Erziehung trägt nun sofort wieder die strengen und hohen Züge des Fichtischen Idealismus. Denn der Form nach soll diese Pädagogik unter die Botmäßigkeit einer besonnenen Kunst gestellt werden, die ihr Ziel sicher und unbedingt erreicht; es handelt sich um eine allgemeine, eine öffentliche Erziehung, und so soll diese Erziehung angelegt sein, daß die Selbstsucht ganz übergangen und um ihre Entwickelung betrogen werde. Nur so kann ihr Resultat reine Sittlichkeit und Frömmigkeit sein: Sittlichkeit, die in selbstloser Hingebung an das Ewige wurzelt, Frömmigkeit, die nicht blos als der Trost des unterdrückten Sclaven, sondern als die Kraft sich bezeigt, daß man sich gegen die Sclaverei stemme. Erst die so erzogene Nation mag dann auch an die Aufgabe der Errichtung des vollkommenen Staates gehn. Charakteristisch für die beiden Männer und die beiden Epochen —: wie Schiller seiner Zeit die ästhetische Erziehung, so bezeichnet Fichte jetzt die sittlich-religiöse als die unerläßliche Vorbedingung zur Begründung des Vernunftstaats.

Endlich jedoch: bis diese Erziehung vollendet ist, bis in einer kommenden Generation ihre Früchte reifen, welches Mittel giebt es, bis dahin uns aufrechtzuerhalten? Dasselbe — das ist der Sinn der Fichtischen Antwort — welches die Substanz der geforderten Erziehung ausmacht. „Laßt“ — so lautet diese Antwort — „laßt die Freiheit auf einige Zeit verschwinden aus der Welt: geben wir ihr eine Zuflucht im Innersten unsrer Gedanken. Machen wir uns mit demjenigen, was ohne Zweifel unserm Ermessen frei bleiben muß, mit unserm Gemüthe zum Vorbilde, zum Bürgen desjenigen, was nach uns Wirklichkeit werden wird.“ Und wie dies zu erreichen sei? — „wir müssen eben zur Stelle werden, was wir ohnedies sein sollten, Deutsche! Wir sollen unsern Geist nicht unterwerfen: so müssen wir eben vor allen Dingen einen Geist uns anschaffen, einen festen und gewissen Geist; wir müssen uns haltbare und unerschütterliche Grundsätze bilden, Leben und Denken muß aus Einem Stück sein, ein gediegenes Ganze; Charakter mit Einem Worte müssen wir uns anschaffen; denn Charakter haben und deutsch sein ist ohne Zweifel gleichbedeutend.“

Der so sprach, — er sprach mit alle dem nur sich selbst. Wenn er die Hörer beschwor, daß sie diese seine Reden nicht als einen leeren Kitzel der Ohren oder als ein wunderliches Ungethüm an sich vorübergehen lassen möchten, wenn er noch in der letzten Stunde drängte, eine Entschließung zu fassen, die da mehr sei als das bloße Wollen, irgend einmal zu wollen, eine Entschließung, die zugleich unmittelbar Leben sei und inwendige That, ohne Wanken und ohne Erkältung fortdauernd, bis sie am Ziele sei, — so war es ihnen vergönnt, das, was sie hörten, in leibhaftiger Erscheinung vor sich zu sehen. Sie sahen einen Mann, bei dem, genau so wie er es forderte, „Leben und Denken aus Einem Stücke, ein gediegenes Ganze“ war. Die ganze Persönlichkeit dieses Mannes redete mit. Das strafende Auge, der entschlossene Mund, die ernste Stirn: Alles redete Wahrheit und Muth der Wahrheit. Erinnerte doch die Erscheinung des Mannes unseren E. M. Arndt an die des Freiherrn vom Stein. So durch und durch war sie der Ausdruck der Ehrlichkeit, der Festigkeit, der Tapferkeit. Kurz, gedrungen und breit die Gestalt; trotzig sein Gang; bestimmt jede Geberde; derb, klar und fest seine Worte.

Wie hätten denn diese Worte zu Boden fallen sollen? Und was sonst hat uns damals gerettet, als das Beides, was Fichte forderte? Auf eine Erziehung der Nation war es abgesehn nicht blos mit der hohen Schule, welche in der preußischen Hauptstadt errichtet wurde, sondern ebenso mit jener Gesetzgebung, die den von der Scholle befreiten Menschen zu dem Gefühl seiner sittlichen Würde und seiner Verpflichtung für die Interessen des Vaterlandes emporhob. Und in Fichte's Sinn war doch zuletzt auch das, daß man die Stunde eines rettenden Entschlusses nicht ungenutzt vorübergehen ließ, daß man das Erziehungswerk durch das Werk der Waffen unterbrach, und daß man nun siegte durch den reinen Glauben und den festen Willen des Sieges. Da wieder, im Jahre 1813, wollte Fichte, ausziehend mit den preußischen Heeren, „die Kraft der lebendigen Rede versuchen," und wenigstens in den Hörsälen der neu gegründeten Universität, in seiner unmittelbaren Umgebung begeisterte sein Wort und Beispiel die kampflustige Jugend. Jene hingebende Gesinnung, die er sonst nur im Feldlager zu finden gemeint, war ja jetzt wirklich die allgemeine Gesinnung; alles Volk hatte jetzt den „Charakter des Kriegers" angezogen; überall und auch in der Hauptstadt war man in Wahrheit in einem Feldlager. In den Reihen des Landsturms erblickte man jetzt auch den Philosophen. Er hatte, wie uns Arndt erzählt, für sich und seinen kaum waffenfähigen Sohn, Lanzen und Schwerter vor seiner Thür angelehnt stehn. „Hier tauge ich nur zum Gemeinen" hatte er zu denen gesagt, die ihn zum Offizier hatten machen wollen; Thaten werde er keine verrichten, aber nimmer dem Volke den Weg zur Flucht weisen. — Ein Opfer des Krieges bekanntlich ist er dennoch geworden. Aus den Lazarethen brachte seine Gattin den Tod in's Haus; von den Lippen der genesenden holte er sich das Verderben. An das Bett des Kranken brachte ihm sein Sohn die Nachricht von Blücher's Rheinübergang. Bilder von Kampf und Sieg verflochten sich in seine letzten Phantasien. Mit dem Glauben, daß er genesen sei, schlummerte er am 27. Januar 1814 hinüber. — —

„Deutschland," so schrieb Rahel, als sie die Kunde vernahm, „hat sein Eines Auge zugethan." — „Mich dünkte immer, Leben schütze vor dem Tode; wer lebte mehr als der?" „Todt aber," fügte sie hinzu, „ist er nicht, gewiß nicht." — Todt ist er gewiß nicht, und als einen todten den Geist des Philosophen und des Redners zu citiren, konnte auch die Meinung der gegenwärtigen Darstellung nicht sein. Sondern darum vor Allem hat diese die Einheit des Redners und des Philosophen Fichte in Erinnerung gebracht, damit an seinem Bilde das Leben Respect vor der Philosophie und die Philosophie Respect vor dem Leben lerne. Möge sie doch immerhin von uns weichen, jene träumerische und in Abstractionen webende Philosophie, die ihr Wesen in hohlen Formeln oder in dem genußsüchtigen, sophistischen Spiel mit den Gedanken- und Gemüthsschätzen unsrer Nation hat, die sie nicht gehoben hat! Aber möge uns bleiben jene andre, die aus dem gesunden Grunde des sittlichen Lebens stammt und die sich eben deshalb nicht abhalten läßt, wieder zurückzuströmen nnd einzugreifen in die Wirklichkeit und Gegenwart. Mit aller Anstrengung sehen wir Fichte die Kreise des abstracten Denkens durchbrechen; er läßt es sich sauer werden, um an die natürliche Empfindung des Patriotismus heranzukommen. Uns Allen muthet diese Anstrengung an, von dem entgegengesetzten Punkte dem Philosophen entgegenzukommen; sie muthet uns an, uns den Kreisen des Gemeinen zu entwinden, uns empor zuarbeiten zu seinem klaren Ernst, zu seinem hingebungsvollen Glauben an die siegende und befreiende Macht des Guten. Ja, die Lebensbedingung des preußischen Staates ist noch heute der Fichte'sche Idealismus. Denn der Idealismus der Rechtschaffenheit ist in diesem Lande die Losung des Königthums; er ist nichts weiter als die gemeine Pflicht jedes Bürgers. Es wird ihm, früher oder später, nicht erlassen sein, die Probe auf Leben und Tod zu bestehn. Wir wünschen dann wohl, daß er mit mehr als Fichtischem Glücke: wir wünschen nicht, sondern müssen wollen, daß er mit Fichtischer Kraft und Unverzagtheit gepaart sei.

FSC
www.fsc.org
MIX
Papier | Fördert gute Waldnutzung
FSC® C083411

Kolibri 360 GmbH
Ferdinand-Jühlke-Straße 7
99095 Erfurt, Deutschland
produktsicherheit@kolibri360.de